稀有物种观察日记

稀有哺乳动物观察日记

彭麦峰 著　一本书文化 绘

 广西科学技术出版社

图书在版编目（CIP）数据

稀有哺乳动物观察日记 / 彭麦峰著；一本书文化绘 .—南宁：广西科学技术出版社，2024.10

（稀有物种观察日记）

ISBN 978-7-5551-2210-4

Ⅰ. ①稀... Ⅱ. ①彭... ②一... Ⅲ. ①珍稀动物－哺乳动物纲－少儿读物 Ⅳ. ① Q959.8-49

中国国家版本馆 CIP 数据核字（2024）第 103189 号

XIYOU BURU DONGWU GUANCHA RIJI

稀有哺乳动物观察日记

彭麦峰 著　　一本书文化 绘

责任编辑：谢艺文　　责任校对：冯　靖

装帧设计：张亚群　韦娇林　　责任印制：陆　弟

出 版 人：岑　刚　　出版发行：广西科学技术出版社

社　　址：广西南宁市东葛路 66 号　　邮政编码：530023

网　　址：http://www.gxkjs.com　　编辑部电话：0771-5871673

印　　刷：运河（唐山）印务有限公司

开　　本：787 mm×1092 mm 1/16

字　　数：96 千字　　印　　张：6

版　　次：2024 年 10 月第 1 版　　印　　次：2024 年 10 月第 1 次印刷

书　　号：ISBN 978-7-5551-2210-4

定　　价：45.00 元

目录

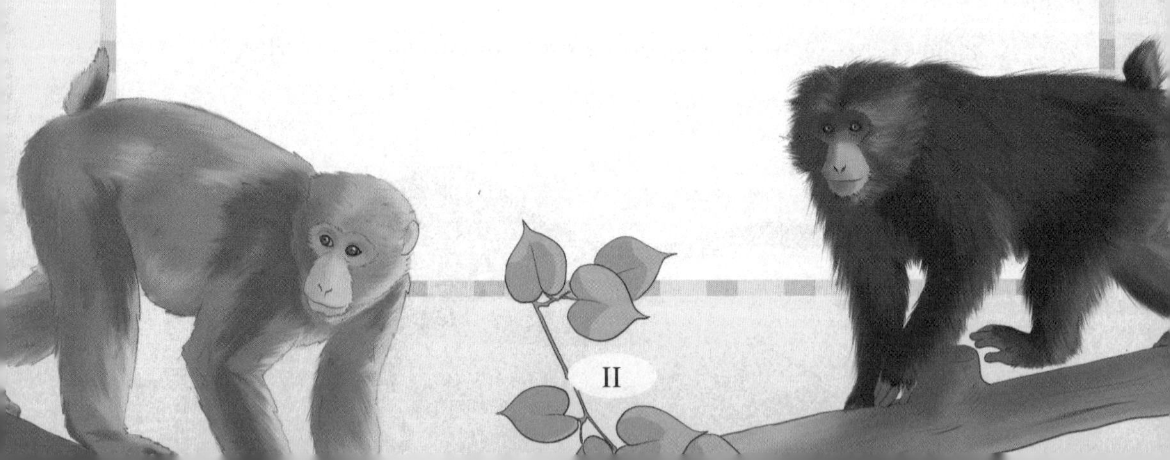

蜂猴

5月19日 风和日丽

今天，我去动物园看到了一只体形非常小的猴子。“难道它才刚出生不久吗？”我好奇地问爸爸。爸爸告诉我，这种猴子叫作蜂猴，成年以后也是这么小。

蜂猴有圆圆的、小小的脑袋，配上大大的眼睛，非常可爱！别看它体形小，它有独门本领呢！每当有危险时，蜂猴的腋下会分泌毒液，然后，它会用舌头舔腋下的毒液，再去攻击敌人。若不小心被蜂猴咬到，伤口会肿胀很久呢！

日记点评

作者对蜂猴充满好奇，观察得很细致，用“独门本领”来形容蜂猴的独特技能，非常贴切。日记分为两段，分别突出蜂猴的体形小和它的独门本领，全文结构清晰、重点突出。

物种卡片

跟着日记，我们去看看体形小、本领强的小动物蜂猴吧！它是《世界自然保护联盟濒危物种红色名录》中的濒危物种，也是《国家重点保护野生动物名录》中的一级保护动物，非常需要我们的保护。

名称	分布 / 栖息	特点	食性
蜂猴	东南亚的热带雨林、亚热带雨林和半常绿季雨林	体形小，善于攀爬，夜行性	喜欢吃植物分泌物、花蜜、水果、树皮、鸟卵和无脊椎动物等

蜂猴喜欢在晚上出没，长年生活在树上。蜂猴不挑食，植物分泌物、花蜜、水果、树皮、鸟卵和无脊椎动物都是它的食物。

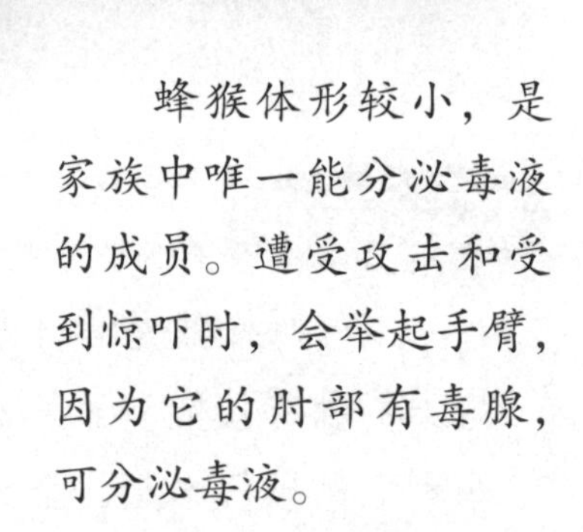

蜂猴体形较小，是家族中唯一能分泌毒液的成员。遭受攻击和受到惊吓时，会举起手臂，因为它的肘部有毒腺，可分泌毒液。

来帮蜂猴找食物。仔细看，在这片树林中，哪些东西是蜂猴的食物呢？

白掌长臂猿

5月28日 阳光明媚

今天，我和家人一起到马来西亚的热带雨林旅行。在热带雨林里，我看到了一只非常特别的动物——白掌长臂猿！它的毛呈灰色，手臂特别长，还有一张引人注目的脸。它脸上的白毛形成一个圆环，看起来像戴了面具一样。长长的手臂方便它在树上移动。最吸引人的是，它的手掌是白色的，就像戴着一双白手套。当我们走近它时，它还会伸出长长的手臂跟我们打招呼呢。

日记点评

日记对白掌长臂猿的特点进行了详细的描写，让读者能够一下子就想象出这种动物的模样。运用“面具”“手套”来比喻，充分体现了白掌长臂猿的特点。

物种卡片

让我们跟着日记看看，戴着“手套”的白掌长臂猿还有什么有趣的知识吧！它是《世界自然保护联盟濒危物种红色名录》中的濒危物种，也是《国家重点保护野生动物名录》中的一级保护动物，在我国野外几乎已经灭绝。

名称	分布 / 栖息	特点	食性
白掌长臂猿	东南亚热带雨林，包括泰国、马来西亚、缅甸等国家的热带雨林。中国云南也曾有发现	是一种体形较大的猴类动物，成年个体体重为 30 千克左右。它们有着非常强壮的四肢和长长的手臂	主要以植物为食，喜欢吃果实、嫩叶和花朵等，也会吃昆虫和小型脊椎动物

白掌长臂猿是一种生活在东南亚热带雨林的动物。因为手臂太长了，所以它们会直立行走，看起来像跳舞一样。

找一找

下面是两种灵长类动物，细心的你来找一找，看看它们有什么不同?

川金丝猴

5月30日 天气晴朗

今天我和爸爸妈妈去四川的山区，沿途经过自然保护区的时候，发现了一些非常可爱的小动物——川金丝猴！它们的身体很灵活，身上的毛是黄色的，非常柔软，尾巴长长的，可以用来平衡身体和攀爬树木。它们喜欢吃水果、叶子、昆虫和小型动物。它们在树上跳跃和攀爬时非常灵活。爸爸妈妈告诉我，川金丝猴是中国特有的珍稀动物之一，生活在海拔1500～3500米的山区森林里。由于人类的过度开发和捕杀，现在它们已经濒临灭绝，所以我们要好好保护它们。我觉得川金丝猴真的很可爱，希望以后还能看到更多这样可爱的动物！

日记点评

日记结构完整、条理清晰、内容充实。先描写川金丝猴的外貌特征，然后写它的喜好和动作，再通过父母介绍川金丝猴的濒危情况，最后表达出自己的心情和感慨。

物种卡片

在可爱的川金丝猴身上，还有什么值得我们关注呢？它们是《世界自然保护联盟濒危物种红色名录》中的濒危动物，也是《国家重点保护野生动物名录》中的一级保护动物。

名称	分布/栖息	特点	食性
川金丝猴	中国四川、云南一带的山林里	非常灵活，能够在树枝间跳跃和移动	喜欢吃水果、叶子、昆虫和小型动物

川金丝猴是一种非常可爱的动物，它们长着柔软的黄色的毛和长长的尾巴。它们非常灵活，可以在树枝间跳跃和移动，就像我们玩“跳房子”一样。

它们喜欢吃不同的食物，比如水果、叶子、昆虫和小型动物。

小朋友，请你开动脑筋，帮助川金丝猴找到回家的路，并找出它们濒危的主要原因。

短尾猴

6月5日 多云间晴

今天，我们一家人回老家，那是在广西深山里的一个古老寨子。在散步时，我突然听到了一些奇怪的声音，我好奇地循声一看。哇！原来是一只短尾猴在树上跳跃玩耍呢！它长着棕色的毛，正用手和脚抓握着树枝，在树上轻松地爬行和跳跃。短尾猴还会用自己的唾液洗手和洗脸！最有趣的是，它的尾巴短得出奇，像被截断了似的。我真的很喜欢这些可爱的动物，希望我们能够保护它们的栖息地，让它们有更好的生存环境。

日记点评

作者绘声绘色地描述了在广西发现短尾猴的经历。日记里有听觉、视觉等方面的感官描写，如果描写时增加感官上的描述，文章将更加丰富生动。小朋友，你也要掌握这样的写作技巧呢。

物种卡片

生活在深山里的短尾猴非常有趣，它被列入《世界自然保护联盟濒危物种红色名录》易危物种，是《国家重点保护野生动物名录》中的二级保护动物。

名称	分布 / 栖息	特点	食性
短尾猴	中国、柬埔寨、印度、老挝、马来西亚、缅甸、泰国和越南等国家的热带、亚热带雨林，其中 70%~80% 分布在中国云南和广西	脸很红，尾巴很短，手脚非常灵活，喜欢成群活动	吃嫩叶、花芽、野果、竹笋、种子、昆虫，会到农田搜寻玉米、稻谷和马铃薯

短尾猴是一种体形较大的猕猴，体重约 5 千克，体长约 50 厘米，尾巴极短。它们有一个很可爱的习惯，就是喜欢用前肢抓食物吃，坐着吃东西的样子和人很像。

找出图片中两只短尾猴的不同之处，共有 5 个不同之处。

穿山甲

6月1日 雨后的阴天

今天，我和妈妈去动物园玩。我在哺乳类动物里发现了一种很奇怪的动物——穿山甲。它的身上有好多鳞片，像铠甲一样。它还有一条长长的尾巴，好像是用来保护自己的。妈妈说，虽然它一直爬着走，还长着鳞片，但它是胎生哺乳类动物，而且它非常谨慎、胆小。果然，我刚走近它，它立刻就卷起来变成一个球，用鳞片保护自己，直到确认没有危险了，才重新展开身体。动物园里的解说牌上写着，穿山甲善于挖洞，喜欢在洞穴里睡觉，挖洞的速度飞快！

日记点评

这篇日记生动形象地写出了穿山甲谨慎、胆小的特点。“铠甲”这一比喻让读者非常容易地联想、理解穿山甲的外形。日记通过妈妈的话和动物园里的解说牌，从侧面介绍穿山甲，充实了文章的内容。

物种卡片

穿着“铠甲”的穿山甲，需要我们的保护。穿山甲被《世界自然保护联盟濒危物种红色名录》收录，是《国家重点保护野生动物》中的保护动物。

名称	分布 / 栖息	特点	食性
穿山甲	非洲和亚洲的热带地区，最喜欢生活在草原、森林和荒漠中	身上有厚厚的鳞片，前肢十分强壮，会挖地道	喜欢吃昆虫，如蚂蚁和白蚁

穿山甲是一种爬行动物，它们喜欢吃蚂蚁和白蚁等昆虫。它们的身体覆盖着很多鳞片，这些鳞片可以保护它们，使它们免受其他动物的攻击。

请小朋友将这些穿山甲的图片碎片按照顺序拼接起来，并标上对应的序号。

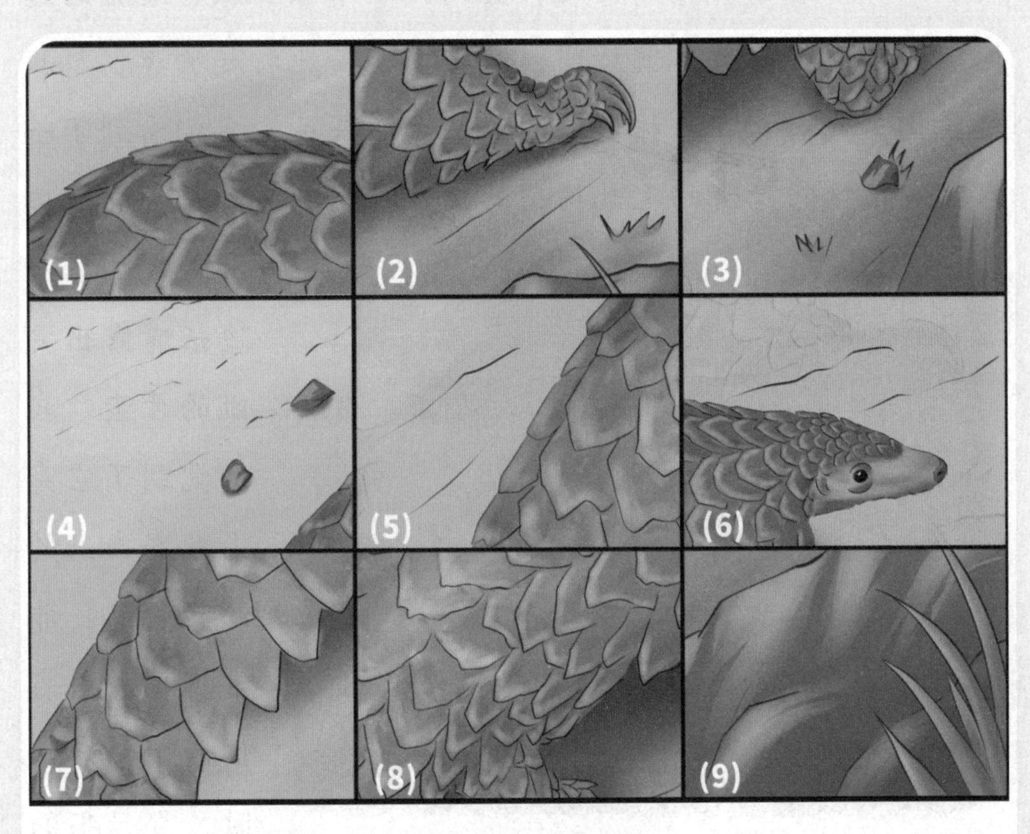

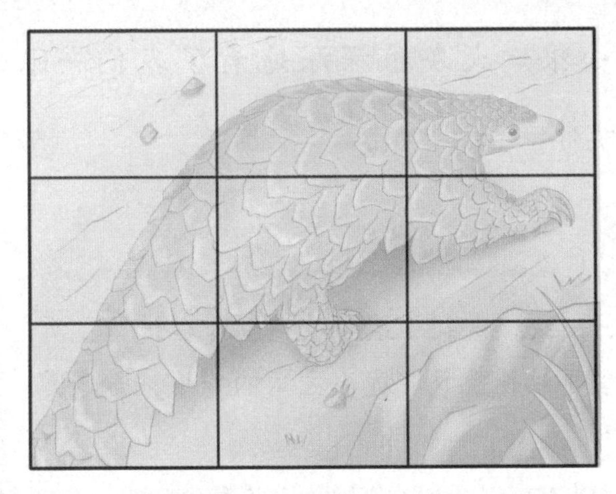

狼

6月15日 雨后天晴

这是我第一次来到大草原，我非常兴奋地跟着几个骑马的叔叔沿着小路越走越远，直到接近草原和森林交会的边缘。大家正聊着天，突然间，马“噗噗”地打起响鼻。叔叔赶紧掏出武器。在森林边缘的一块大石头旁，我们看到了一只大灰狼！它身上的毛乱糟糟的，眼神锐利又冷静，它一边看着我们，一边张嘴露出尖锐的牙齿。我感觉到了它身上散发出来的凶猛气息，非常害怕。当我们慢慢向后退时，那只狼的后边冒出了两只可爱的小狼。大灰狼深深地看了我们一眼，便带着小狼转身跑进了森林。

日记点评

日记的描写非常生动、细致，做到了绘声绘色。作者进行了听觉、视觉方面的描写，起到了烘托气氛、突出主角的作用，是非常棒的一篇日记。

物种卡片

我们仿佛真的听到了马被吓得“噗噗”打着响鼻的声音，看到了不远处的狼。狼还有什么有趣的知识呢？它是《国家重点保护野生动物名录》中的二级保护动物。

名称	分布 / 栖息	特点	食性
狼	森林、草原和沙漠等	嗅觉灵敏，群居	鹿、鸟类及兔子等小型哺乳动物

我国曾经到处都有野狼出没，但现在除了东北、西北、华南和华北的少数几个省份，其他地方已经看不到狼的踪影了。现在，我们国家的野狼可能仅剩几千只。它们身上厚厚的毛可以帮助它们在寒冷的环境中保暖。它们有很锐利的牙齿和爪子，可以轻松地抓住猎物。

狼是群居动物，通常会组成一个“家族”。它们互相帮助，彼此保护，共同猎食。如果有人或者其他危险的动物靠近它们的领地，它们就会变得非常勇敢和危险。

填空：认识狼

1. 狼通常会生活在群体中，这个群体被称为______。

2. 狼的叫声是______。

3. 灰狼是世界上最大的野生______科动物之一。

4. 狼的毛色有灰色、棕色、黑色等，这些颜色可以帮助它们更好地______。

5. 由于人类活动和环境破坏，狼现在正面临着______问题，我们应该保护它们。

豺

6月18日 多云

今天，我和家人到甘肃的动物园参观。在这里，我看到了很多动物，其中让我印象最深刻的是豺。豺长得很像狐狸，但比狐狸大一些，而且有着长长的腿。当我走近豺时，豺注意到了我的存在，它站起来向我靠近。我虽然有点害怕，但还是观察了一会儿。

在观察它的过程中，我发现了一件有趣的事情：它喜欢打洞！它会用前爪挖洞，并在洞里面休息、藏食物。见到豺的经历真让人难忘，它看起来有点可怕，但也是非常独特和有趣的动物。

日记点评

日记运用对比的方法把豺的外形展现出来。描写在动物园观察豺的过程时，不仅描写了心理活动，还讲述了豺挖洞穴、藏食物的有趣事情，让日记丰满生动。

物种卡片

跟随日记，我们去看一看会挖洞、藏食物的豺吧！它是《世界自然保护联盟濒危物种红色名录》中的濒危物种，根据《国家重点保护野生动物名录》，豺是国家一级保护野生动物。

名称	分布 / 栖息	特点	食性
豺	亚洲的丘陵、山地及森林	嗅觉和听觉十分灵敏，群居	肉食为主，捕食鹿、麂、麝、山羊等

豺是一种身长、腿长、尾短的犬科动物，通常生活在丘陵、山地及森林地带。豺通常在夜间活动，白天则躲在树丛或岩石缝中休息。

小朋友，下面这两种动物分别是豺和狼，它们之间有什么不同呢？

赤狐

6月19日 多云间阴

我今天在动物园看到了赤狐。它有一双大耳朵和尖嘴巴，身上长着柔软的红色的毛，非常漂亮。它非常机警，我们一靠近它，它就马上跑开。但是当我们保持安静并且不惊扰它时，它就会放松戒备，继续寻找食物。我喜欢这种聪明、机灵、美丽而又神秘的动物。

日记点评

作者运用了平铺直叙的手法来描写赤狐的外貌特征和行为特点，重点突出了赤狐的机警。我们应注意，直接叙述描写要充分用好形容词、动词，这样才能比较生动地展现描写对象的特点。此外，“机警”“戒备”等词在日记里使用得当。

物种卡片

看看这只机警的赤狐有多珍稀——它是《国家重点保护野生动物名录》里的二级保护动物。

名称	分布 / 栖息	特点	食性
赤狐	森林、草原、沙漠等	有柔软的红色的毛，机警小巧	喜欢吃小型哺乳类动物、鸟类、昆虫

它是一种哺乳动物，属于犬科。它们生活在欧洲、亚洲和北美洲等地，通常栖息在森林、草原和沙漠中。赤狐长着柔软的红色的毛，还有一双大耳朵和尖嘴巴，非常漂亮。

游戏目标：在 5 秒内，找到隐藏起来的赤狐。

懒熊

6月25日 灰蒙蒙的阴天

这是我第一次到斯里兰卡旅行。在这个热带国家，我和妈妈看到了懒熊！它很胖，浑身上下都长着又长又蓬松的毛，鼻子和嘴不仅长，还能左右转动，鼻孔也可以随意开合，非常有意思。它会扒开白蚁窝，把自己的长鼻子插进去并闭上鼻孔，然后用嘴唇吸食白蚁，发出重重的喘气声。不过，懒熊真的很懒呢！它走起路来特别慢，像快睡着了一样。我觉得懒熊真的好可爱啊！希望以后还能再见到它。

日记点评

日记先对懒熊的外貌和行为进行描写，尤其是对懒熊吸食白蚁的描写，非常生动，让大家认识了这种动物。日记运用分层次的描写方法，从外貌特征到动作，再到习性，逻辑清晰、重点突出。

物种卡片

我们看看爱吃蜂蜜的懒熊还有什么有意思的知识点吧！懒熊被列为《国家重点保护野生动物名录》二级保护动物。根据测算，懒熊的数量仅有1万～2.5万只，而且数量还在下降。

名称	分布 / 栖息	特点	食性
懒熊（因为爱吃蜂蜜，又叫“蜜熊”）	印度、不丹等南亚地区湿润和干燥的热带森林、稀树草原、灌木丛和草原	体形较大，喜欢倒挂在树上，特别“懒”，走路慢悠悠的	杂食性，喜欢吃树叶、水果、谷物和小型脊椎动物，尤其喜欢白蚁、蜜蜂等昆虫

懒熊因行动迟缓而得名，其实，它跑起来比人还快。

栖息地被破坏是懒熊濒危的主要原因。它们喜欢吃白蚁、蜜蜂，但是随着人类开垦草原、破坏森林，它们的食物越来越少。

森林中既有丰富美味的食物，又有不可预知的危险，现在你成了懒熊，你能在这片森林中发现哪些食物和危险呢？

黑熊

6月30日 阳光灿烂的晴天

我的叔叔是动物保护区的管理员，他带着我们一家来到他工作的山谷。在这里，我看到了一只黑色的大熊。它非常威猛，身上有厚厚的毛，还有尖锐的爪子。当我们靠近它时，它站了起来，足足比爸爸高出一个头，还露出长长的牙齿。我被吓得不敢动弹，爸爸妈妈告诉我要保持冷静，不要惊动它。我们悄悄地离开那个地方。叔叔说，黑熊是一种猛兽，很危险，它常在山野和树林里觅食。我们需要与它保持安全距离，不要做出任何惊扰它的行为。我会记住这次见到黑熊的经历，会更加珍惜与大自然相处的机会。

日记点评

对于黑熊的外貌特点，作者结合自身的感受进行描写，再通过叔叔的话，进一步突出了我们的主角——黑熊的威猛形象，表达出作者对大自然的敬畏和珍惜的心情。

物种卡片

威猛的黑熊真让人印象深刻，它还有什么值得关注的小知识？黑熊是《国家重点保护野生动物名录》里的二级保护动物。

名称	分布 / 栖息	特点	食性
黑熊（也被称为“狗熊”）	亚洲的森林、山区和荒野	有厚厚的、黑色的毛和发达的肌肉；喜欢在夜晚活动，白天在树洞或岩洞中睡觉	喜欢吃植物的果实、蜂蜜、昆虫和鱼类

黑熊原本生活在亚洲从南到北的很多地方，是适应性很强的猛兽。但由于环境变化和栖息地被破坏，在很多地方已经再也看不到黑熊了。黑熊会攀爬到很高的树上去取食果实和蜂蜜，它还会游泳。

黑熊身上有厚厚的黑色的毛，肌肉发达，胸前有一块很明显的白色斑纹。

1. 请小朋友仔细观察黑熊身上的特征。

2. 遮挡图片，请小朋友根据记忆回答以下问题：

（1）黑熊身上有什么颜色的毛？

（2）黑熊喜欢吃什么食物？

（3）黑熊生活在哪些地区？

大熊猫

7月1日 多云间晴

今天我去了成都动物园，看到了非常可爱的大熊猫！它身上有黑白相间的毛，眼睛周围是黑色的，就像戴了一副墨镜一样，耳朵也是黑色的。它在吃竹子，慢慢地咀嚼着，好像很享受这个过程。这时，有一只大熊猫很费劲地爬上了树，一不小心，“哗啦”滑下来，摔到了屁股，它居然还会捂着圆圆的屁股吐舌头，看起来太可爱了！我听到工作人员说，大熊猫是中国特有的动物，是中国的国宝，世界各地的游客都慕名来这里看大熊猫。

日记点评

日记绘声绘色地描述了大熊猫可爱憨厚的行为举止。“墨镜”这一比喻非常形象。“享受”“捂着圆圆的屁股吐舌头”等拟人化描写技巧的运用，把大熊猫的可爱形象非常生动地展现了出来。

物种卡片

跟着作者去看看可爱憨厚的大熊猫吧。熊猫是《国家重点保护野生动物名录》中的一级保护动物，野生熊猫仅存分布四川、陕西和甘肃，数量稀少。

名称	分布 / 栖息	特点	食性
大熊猫	中国四川、陕西和甘肃的竹林、山林	可爱，喜欢睡觉	喜食竹子

大熊猫体形肥硕，头圆尾短。最为标志性的特征是它们黑白相间的外表，以及内八字的行走方式。此外，大熊猫的皮肤非常厚，最厚处可达 10 毫米，这有助于它们在野外环境中保护自己。

大熊猫是中国特有的动物，由于人类的活动和栖息地被破坏，大熊猫正面临着生存危机。

大熊猫的图片被分割成了 9 张拼图碎片，请小朋友将这些拼图碎片用正确的序号标注、拼接起来，使之成为一张完整的大熊猫图片。

紫貂

12月5日 多云间阴

今天，跟着在大兴安岭林场里工作的伯伯，我终于看到了紫貂。它好有趣啊！短短的身体，长长的尾巴，小心翼翼地躲在树下。它东瞟一下，西看一下，确定没有危险后，“唰”的一下就爬到了树上。它看起来好可爱呀！伯伯说，以前这里经常可以看到紫貂，后来由于它们的毛非常漂亮，常被用来做高档皮衣，因此被猎杀了很多，数量越来越少，现在已经被列为濒危物种了。

日记点评

日记让读者感受到了作者的探索热情。生动的描写突出地展现了紫貂小心翼翼的神态，还非常恰当地运用语气助词，这项技巧值得我们学习。

物种卡片

让我们看看，日记里小心翼翼的紫貂还有哪些有趣的知识？它们是一种生活在北方地区的哺乳动物，主要分布在中国、俄罗斯、蒙古国等地。它们的毛非常漂亮，因此曾被人们广泛用于制作皮衣和饰品。但由于人类的过度捕杀，现在紫貂已经处于濒危状态，被列为《国家重点保护野生动物名录》一级保护动物。

名称	分布 / 栖息	特点	食性
紫貂	寒冷地区，主要分布在中国、俄罗斯、蒙古国等地	灵活好动，善于攀爬和游泳，它们的毛非常漂亮	喜欢吃小型哺乳动物、鱼类和昆虫等

画出你心目中美丽的紫貂。

水獭

7月8日 风和日丽

今天我和爸爸去了河边，看到了一只水獭！它的毛很柔软，身体长长的，好像一只小狗。水獭在水里游来游去，还会潜到水底找吃的。我觉得它好厉害啊！水獭还有一条扁扁的尾巴，帮助它在水里游得更快更稳。爸爸告诉我，水獭是一种生活在水边的动物，喜欢吃鱼、螃蟹等。我觉得水獭好可爱啊！

日记点评

作者观察细致、描写细腻，将水獭比喻为小狗，先写水獭的可爱、有趣，再写自己的内心感受，使得文章非常生动。

物种卡片

水獭非常可爱，但是我们不能随意去捕捉或者伤害它们。我们看看与它相关的有意思的小知识吧！水獭是《国家重点保护野生动物名录》中的二级保护动物。

名称	分布 / 栖息	特点	食性
水獭	北半球的河流、湖泊等	拥有灵活的身体和强壮的四肢，善于游泳	捕食贝类、鱼类和甲壳类生物

它们喜欢生活在河流和湖泊的岸边或水流平缓的地方，尤其喜欢林木繁茂的溪河地带，有时候我们在沿河的稻田附近也会看到它们。它们浮在水上时，非常可爱。

水獭是一种生活在水里的哺乳动物，它们的身体结构非常适合在水中游泳。浓密的毛可以使身体保持温暖和干燥，特殊的脚掌像蹼一样帮助它们在水中游动。水獭的皮温暖又防水，曾是价格昂贵的皮衣原料，因此一度被猎人虎视眈眈，水獭的数量也因此急剧减少。

水獭身上的哪些部位能够帮助它游泳呢？请你找一下吧。

梅花鹿

7月11日 清爽的多云天气

今天我和小伙伴一起去山里玩，我们看到了一只梅花鹿！它的样子真是太美了！四条长长的腿，毛茸茸的身上布满白色的斑点，就像是散落在身上的雪花。梅花鹿性情非

常温顺，不怕人类接近它，我们可以轻松地靠近它、给它拍照。据说梅花鹿是一种非常珍贵的动物，数量很少。它们主要生活在山区或森林中，喜欢吃草和树叶。梅花鹿看起来很温顺可爱，我们要保护好这些珍贵的动物资源，让它们能够安全地生存繁衍下去。

今天真是美好的一天啊！

日记点评

作者善用比喻句，且观察十分细致，“就像是散落在身上的雪花”这一比喻，形象生动，让人们的脑海里立刻呈现出梅花鹿优雅的姿态。

物种卡片

梅花鹿是一种生活在山区或森林中的珍贵动物，是《国家重点保护野生动物名录》中的一级保护动物，被列入《中国濒危动物红皮书》，是濒危级别。

名称	分布 / 栖息	特点	食性
梅花鹿	亚洲和欧洲的山区、森林中	性情温顺	喜爱吃草本植物、树叶、树皮、水果等

通常，梅花鹿身上有很多白色的斑点，就像是散落在身上的雪花。梅花鹿一年换两次毛，毛色会随着季节的变化而变化。夏季时，其毛色为棕黄色，白色斑点遍布全身；到了冬季，毛色则变为烟褐色，白斑不显著，并且有厚而密的绒毛。

在辽宁、黑龙江、吉林这些地方，已经出现大量的人工养殖的梅花鹿，它们的鹿茸、鹿角非常珍贵。

哪只是雄性梅花鹿，哪只是雌性梅花鹿呢？

小齿狸

7月20日 阳光明媚

今天在老挝的森林公园，我发现了一种小动物，它叫小齿狸。小齿狸非常可爱，身体细长、灵巧，可以在树上灵活地跳动、爬行，速度比起在平地上一点也不慢。导游说，它们可以快速地在树上行动，会捕捉小老鼠吃，有时候，它们也会吃树木的果实。以前，在我国云南可以经常见到它们，但是现在因为栖息地被破坏，已经很少见了。真希望也能在云南见到这种可爱的小动物。

日记点评

作者生动地描写了小齿狸的特点，又引用导游的话，进一步讲述小齿狸的行为特征，通过正面、侧面相结合的描写方式，使小齿狸的形象立体丰满，也体现出作者敏锐的观察力对写好一篇文章有重要作用。

物种卡片

小齿狸是《国家重点保护野生动物名录》中的一级保护动物，曾经在我国云南比较常见，但是由于栖息地被破坏，现在在云南已经非常难找到它们了。

名称	分布 / 栖息	特点	食性
小齿狸	生活在温暖湿润的热带雨林，主要分布在东南亚地区，如老挝、马来西亚、缅甸、新加坡、泰国、越南等，我国云南也有分布	牙齿锋利，身体细长，动作灵活	杂食性，吃老鼠及两栖类、爬行类动物和昆虫，也吃树木的果实，尤其是榕树果实

小齿狸是灵猫科小齿狸属动物，也叫小齿椰子猫、小齿灵猫，从它的鼻尖到前额有一白纹，因此也叫三纹灵猫。

看看森林中有哪些食物是小齿狸可以吃的？让我们帮它找找吧。

云猫

7月18日 雨后天晴

今天我和小伙伴去山里玩。突然，我看见了一只非常美丽的猫科动物，它的身上有黑色的斑点和条纹，很像豹子，但是比豹子小很多。当我们靠近它时，它很快就爬上了树，向我们展示了它强大的攀爬能力。

后来我们问了大人才知道，这是一只云猫！云猫喜欢生活在树上。它还有一个非常酷的特点，就是能够让身体变得“透明”，在树枝上藏起来不被发现！太神奇了！我还知道，现在云猫面临着生存危机，我们要好好保护这些可爱的动物！

日记点评

日记运用了与同类比较的方法来描写云猫，突出了云猫的特点。此外，日记把动态的云猫描写得很细腻，场景感很强。

物种卡片

云猫是一种猫科动物，主要分布于东南亚地区，在我国云南也可以看到它们，它们是《国家重点保护野生动物名录》中的二级保护动物。

名称	分布 / 栖息	特点	食性
云猫	东南亚的低地、热带森林山麓，在我国云南和西藏的部分森林山麓也有	喜欢在夜晚活动，善于攀爬	肉食，吃一些鸟类和爬行动物

云猫身上有很多美丽的斑点和条纹，可以帮助它们更好地隐藏起来。它们喜欢生活在树上，有着超强的攀爬能力，可以轻松地在树枝间穿梭。

现在云猫已经面临着生存危机，我们要好好保护它们哦！

小朋友，看看云猫和普通的家猫有什么不同？

虎

8月1日 炎炎烈日

今天我和小伙伴到动物园玩，我们拿着相机拍照，一路都在观察、记录。不知不觉，我们走到了虎园。虎真是威风凛凛，它高昂着头，霸气地啃咬着一条巨大的牛后腿。隔着笼子我们也可以听到巨大的啃食声，“咔嚓咔嚓”。在牛骨头的碎裂声中，我看到了虎的牙齿又长又尖，非常有力，我有些心惊胆战。

这么近距离看到它，和在电视里看到的真的太不一样了。它用后肢站立时比我爸爸还要高！真是巨大凶猛！

日记点评

作者善于运用听觉、视觉、心理描写相结合的方式烘托氛围、突出主角。作者还详细描写了虎威武霸气的样子，展现了良好的观察能力、写作能力。

物种卡片

让作者心惊胆战的虎，是有名的猛兽，我们一起去看看吧！虎是一种非常强壮和凶猛的大型猫科动物，是《国家重点保护野生动物名录》中的一级保护动物。

名称	分布 / 栖息	特点	食性
虎	亚洲的森林中	是体形巨大的猫科掠食动物，强壮、凶猛，善于捕猎	喜欢捕食大型哺乳动物，如野鹿、野羊、野牛、野猪、马鹿、水鹿、狍、麝、麂等

不同种类的虎体形大小也不同。东北虎体形最大，雄性体长可达 3.7 米左右，体重约 420 千克，雌性体长可达 2.4 米左右，体重约为 170 千克。

虎是优秀的捕食者，曾经广泛分布在亚洲的森林。在热带雨林、常绿阔叶林、落叶阔叶林和针阔叶混交林里，它们都是顶级的猎手。

老虎身上的条纹在斑驳的光影中可以帮助它们更好地隐藏起来！思考一下，老虎皮毛上的条纹是如何帮助它们在野外捕食和隐藏的？

雪豹

4月1日 寒冷的阴天

这是我第一次到西藏山区，研究野生动物的叔叔说，今天要带我去观察难得一见的雪豹。在陡峭的山崖间，叔叔早早就放置了一台高倍望远镜。让我惊喜的是，远处的山坡上真的有一只雪豹！从望远镜里，我看到了雪豹，它隐藏

在岩石和积雪中，灰白色的身体有黑斑和黑环，这是极好的保护色。它的尾巴长而粗，一双锐利的眼睛随时都在观察周围的环境，一旦有风吹草动就会迅速隐藏起来。叔叔说，它有“雪山之王”之称。

日记点评

作者描述了发现雪豹的过程，并对雪豹的外貌特征进行了详细的记录，还进行了心理描写，表达了自己的兴奋和惊喜。

物种卡片

“雪山之王”雪豹还有哪些值得关注的小知识呢？它被列入《国家重点保护野生动物名录》，是一级保护动物，是一种非常灵活和凶猛的大型猫科动物。

名称	分布 / 栖息	特点	食性
雪豹	中亚和南亚的高山地区	身体强壮，毛色灰白相间	喜欢捕食岩羊和野山羊等

雪豹身体强壮，毛色灰白相间，身上有黑斑和黑环，这让它们在岩石和雪地中更容易隐藏起来。

雪豹是一种生活在高山地区的大型猫科动物，它们通常生活在海拔3000米以上的崎岖山地中。它们是优秀的猎手，主要以岩羊和野山羊等为食。

雪豹、虎和人，谁的体形更大呢？

河狸

9月1日 雨后天晴

今天我到新疆的好朋友家里去做客。我们一大群小伙伴去了河边玩，偶然间，我看到了一只奇怪的动物，它有一张扁扁的嘴巴，两只小小的耳朵，还有一条厚厚的尾巴。我们好奇地围观它，突然，它拍起了水花，原来这是一只河狸！我们发现它正在修建一个水坝，用木材和泥土作原材料。河狸是一种很勤劳的动物，喜欢修建水坝用以控制水流。它们的牙齿特别锋利，可以轻松啃食树木和竹子。

日记点评

作者对河狸外貌特点和行为特征的描写形象生动，且“勤劳”一词使用恰当。日记的叙述有条不紊，从好奇地观察到发现河狸在修建水坝，细节描写到位。

物种卡片

让我们跟着勤劳修建大坝的河狸一起去学习知识吧！河狸是一种生活在水边的哺乳动物，在《国家重点保护野生动物名录》中是一级保护动物。

名称	分布 / 栖息	特点	食性
河狸	分布在北美和亚欧大陆的温带、寒带地区的河边，在我国仅分布于新疆东北部的青河、布尔根河和乌伦古河等附近	有扁平的尾巴和锐利的牙齿，勤劳且聪明	喜欢吃各种水生植物，也吃杨、柳的幼嫩枝叶及树皮，偶尔会吃小鱼小虾

河狸会用自己的牙齿和爪子修建堤坝、挖掘洞穴，便于在水边生活。

它们吃树皮、树枝和水草等，偶尔也会吃些小鱼小虾，还会在岸边采食菖蒲、水葱。

看看河狸造的房子，你能找到房子的出入口吗？

雪兔

12月15日 大雪之后的晴天

黑龙江的冬天非常寒冷，大雪下了一夜。今天早上，我打开窗户一看，林场的树全都被大雪覆盖了。我穿上厚厚的外套、戴上手套，在林场的树林里行走，厚厚的雪漫过了我的膝盖。突然，我发现了一串刚留下的脚印。“快看！那是雪兔呀！”爸爸低声提醒我。我沿着脚印仔细一看，一只白色的小动物在树林边缘跳来跳去。它的毛白白的，和雪融为一体。它的耳朵长长的，眼睛圆圆的，非常可爱。我慢慢地走近它，它听到脚步声，瞬间定住身体、隐藏在雪地里一动不动，要不是小脚印暴露了它的位置，估计谁都找不到它吧！

日记点评

通过对雪景的描写，从侧面烘托出发现雪兔的环境和氛围，加上感叹词的运用及动作描写，把发现雪兔的过程描绘得非常细致，体现了作者很强的观察力和描写能力。

物种卡片

雪兔是《国家重点保护野生动物名录》中的二级保护动物。

名称	分布 / 栖息	特点	食性
雪兔	北极圈附近的森林、沼泽地的边缘及河谷的草地、芦苇丛	浑身纯白色，擅长利用保护色隐藏自己，听力十分灵敏	喜欢吃苔藓和草

雪兔是一种生活在北极圈和高寒山区的哺乳动物，也称为北极兔或白兔。雪兔是植食性动物，主要以苔藓、草等植物为食。

它们有着纯白色的毛，可以很好地融入雪地中，避免被掠食者发现。它们的耳朵长长的，可以帮助它们听到周围细微的声音，以便及时逃离危险。

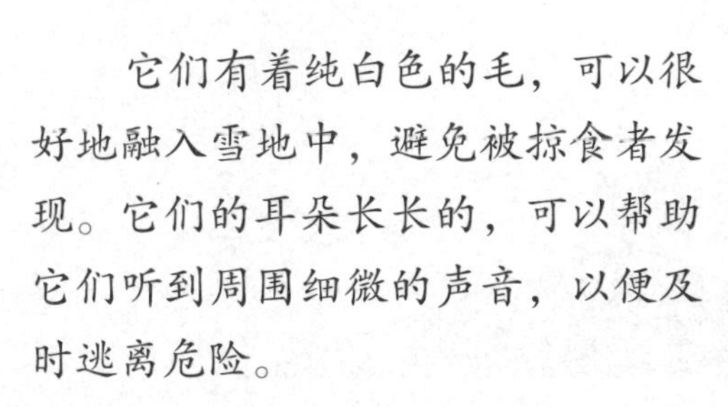

1. 帮雪兔找一个安全的藏身地点吧！

2. 发现危险的雪兔会快速隐藏自己，找一找，现在它躲在哪里呢？

北海狮

5月15日 晴天

跟随着科考站的叔叔，我第一次看到了北海狮！

它是一只超级可爱的动物。身上长着黄褐色的、茸茸的毛，还有大大的眼睛和圆圆的耳朵。它躺在冰面上晒太阳，看起来懒洋洋的。可当它在水里游来游去时，它胖乎乎的身体就像一艘流线型的潜水艇，快速地在水里穿行，它不时会用前肢划水。我还听说北海狮很聪明，它是海狮的一种，生活在寒冷的海域附近。

日记点评

作者对北海狮外貌、神态、动作的观察十分细致，描写也非常生动。“懒洋洋”的拟人化描写、“潜水艇”的比喻，两种描写相结合，北海狮的形象呼之欲出。

物种卡片

让我们跟着日记去看看北海狮吧！它是一种生活在寒冷地区的海狮，被列入《世界自然保护联盟濒危物种红色名录》，属于近危动物，还被列入我国《国家重点保护野生动物名录》，是二级保护动物。

名称	分布 / 栖息	特点	食性
北海狮	北半球寒冷的海域沿岸附近	它的皮毛防水；擅长游泳；吞吃食物，不加咀嚼，所以需要吞食一些小石子帮助消化	捕食乌贼、蚌、海蜇和鱼类等

它们主要分布在寒冷地区的海域（白令海、鄂霍次克海、阿拉斯加、堪察加、阿留申群岛和北千岛等）。北海狮是海狮科中体形最大的一种，雄性北海狮体长 3 米左右，体重可达 1 吨；雌性北海狮体长也有 2.5 米左右，体重 300 千克左右。

由于气候变化和人类活动的影响，北海狮面临着生存危机，我们应该保护好这些可爱的动物，让它们能够继续生存下去。

哪些是北海狮喜欢的食物呢？

亚洲象

6月15日 晴天

今天，我去动物园看到了一只超级大的亚洲象！它真的好大啊！我先看到它的鼻子，它的鼻子好长好长，它把鼻子伸进水里喝水，还用鼻子抓东西吃。它的耳朵很大，可以扇风，以降低体温，还可以听到远处的声音。它还有两根长长的象牙，用来保护自己。我还听到它用脚掌踩地时发出的沉重的声音，好震撼啊！

亚洲象是一种非常聪明、友善的动物，我们应该好好爱护它们哦！

日记点评

描写亚洲象时，外貌描写、动作描写、亲身感受三者结合，使亚洲象的形象变得丰满。同时，日记多次运用感叹句，体现了生动的情感。重叠的修辞方法让语言充满童趣，也让亚洲象的特点更加突出。

物种卡片

跟着这篇活泼的日记去看看亚洲象吧！它是一种体形巨大的哺乳动物，是世界上最大的陆生动物之一。它被列入《世界自然保护联盟濒危物种红色名录》，属于濒危动物，也是《国家重点保护野生动物名录》中的一级保护动物。

名称	分布 / 栖息	特点	食性
亚洲象	我国西双版纳一带以及东南亚和南亚的热带雨林、沼泽、草原	鼻子很长，喜欢群居，是最大的陆生动物之一	喜欢吃植物

亚洲象通常生活在热带的雨林、沼泽和草原等地，以植物为主食。不过，由于环境被破坏和人类的捕杀，亚洲象已处于濒危状态。

亚洲象在几千年前曾经生活在黄河下游，但现在只在云南的野外有发现。

你能够发现亚洲象和非洲象的不同之处吗？

亚洲象

非洲象

蒙古野驴

10月1日 秋高气爽的晴天

今天我和爸爸去了内蒙古草原，看到了一种超级酷的动物——蒙古野驴！

在干旱艰苦的荒野戈壁上，蒙古野驴健壮的身影非常显眼，它们长得像马，但是比马矮一些。它们身上的毛是茸茸的，颜色有点像黄土。我还看到它们在吃草，它们好像很喜欢吃草。它们可厉害了，可以在没有水的地方生存好几个月呢！它们还特别灵活、敏捷，可以快速奔跑、随时变向。爸爸说，它们能够适应艰苦的环境。

日记点评

作者熟练地运用对比这一描写方法，拿蒙古野驴和马作对比，拿蒙古野驴的毛与黄土作对比，把蒙古野驴的特点展现了出来。作者还把自己的感受写到日记里，给日记增添了情感色彩。

物种卡片

我们去看看蒙古野驴还有哪些好玩的小知识吧！蒙古野驴被列入《濒危野生动植物种国际贸易公约》，是国家一级保护动物。

名称	分布 / 栖息	特点	食性
蒙古野驴	干旱荒漠、半荒漠地区	体形高大、四肢修长；能够忍受高温、低温和缺水的环境	喜欢吃植物

蒙古野驴体形高大，四肢修长，身上毛茸茸的，非常可爱。它们擅长奔跑，耐力也非常棒！有时候连耐力出色的狼都赶不上它们。

它们栖息在干旱荒漠、半荒漠地区，能够适应干旱、酷热、严寒、土地贫瘠的恶劣环境。由于人类破坏和环境变化，蒙古野驴正处于濒危状态，我们应该一起保护它们哦！

你知道蒙古野驴分布在哪里吗？

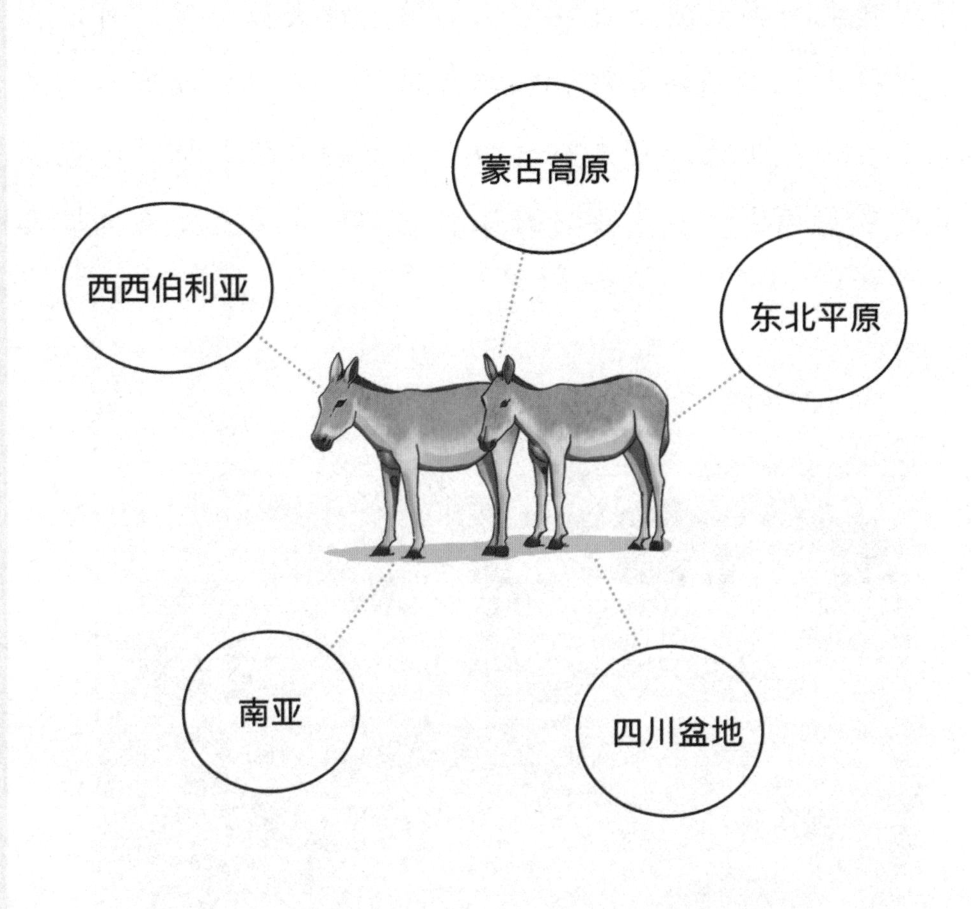

野骆驼

10月3日 多云间阴

今天我和妈妈去了沙漠，看到了好多饲养的野骆驼！

它们长得非常高大，站着的时候比爸爸还高很多。它们好特别啊！有两个大大的驼峰，还有一对长长的睫毛，像戴了假睫毛一样。我还发现它们的蹄子很大很厚实，可以在沙漠里行走而不受伤。野骆驼非常耐旱，可以在没有水源的情况下生存好几天。可是听说由于人类的破坏和捕杀，现在野骆驼数量稀少，我们要好好保护它们！今天真是充满惊喜的一天啊！

日记点评

作者不仅观察细致，而且比喻句用得恰到好处，将野骆驼描绘得非常生动。日记先对野骆驼的驼峰、睫毛、蹄子进行特写，再介绍它们的习性，逻辑清晰、重点突出。

物种卡片

让我们跟着作者去看看关于野骆驼的小知识吧！野骆驼是国家一级重点保护野生动物，被《世界自然保护联盟濒危物种红色名录》列为极危物种，野生的野骆驼数量稀少。

名称	分布 / 栖息	特点	食性
野骆驼	我国内蒙古、新疆、青海、甘肃等省（区），以及蒙古国的干旱地区	耐旱性强，驼峰能贮存水分，可以在沙漠里生存	喜欢吃草、树叶、树枝、果实等

野骆驼是一种生活在干旱地区的哺乳动物，它们有两个大大的驼峰和一对长长的睫毛。野骆驼可以在没有水源的情况下生存好几天，这是因为它们的驼峰可以储存大量的水分。

由于环境被破坏和人类的捕杀，现在野骆驼非常珍贵，我们要好好保护它们哦！

比一比蒙古野驴和野骆驼的身高、大小，它们都是在沙漠中行走的动物，各有什么特点呢？

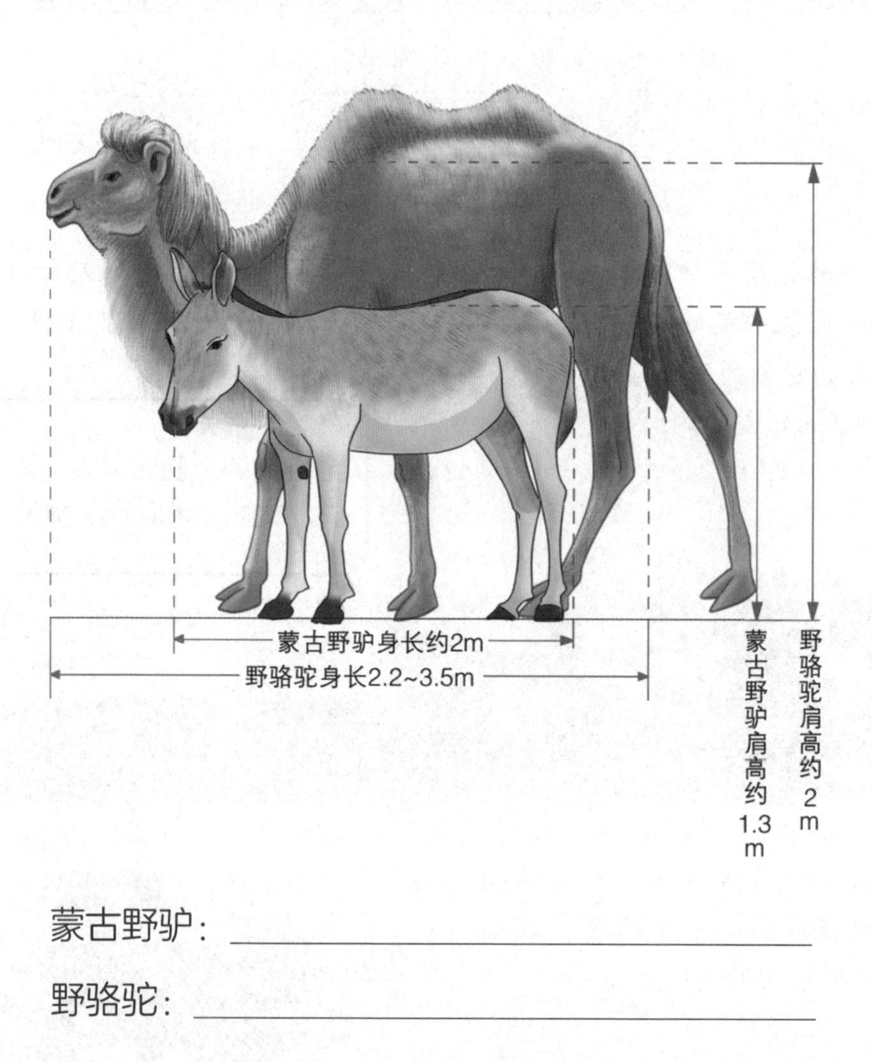

蒙古野驴：________________________

野骆驼：________________________

林麝

10月5日 秋高气爽

今天我和爸爸去山里玩，看到了一只小动物，爸爸告诉我它叫林麝。林麝长着一双大耳朵，瞪着圆圆的眼睛，长得非常可爱。

爸爸说，林麝是一种非常神秘的动物，因为它们很少出现在人类的视野中。据说，它们喜欢生活在茂密的森林中，主要吃一些植物的嫩枝叶。林麝是一种夜行性动物，所以我们很难在白天看到它们。不过今天我们运气真好，居然能够看到这么可爱的林麝！

日记点评

日记善于用引用别人说的话和侧面描写来描述林麝的特点和习性，可以让读者更客观地了解这个物种，并且引导人们保护野生动物和自然环境。此外，心理描写让日记生动不少。

物种卡片

林麝在《世界自然保护联盟濒危物种红色名录》中属于濒危等级，在《国家重点保护野生动物名录》中为一级保护动物。林麝是一种珍稀的野生动物，我们要保护它们的栖息地和生存环境。

名称	分布 / 栖息	特点	食性
林麝	中国、越南的山区森林	体形小巧，行动敏捷、灵活，善于隐藏	喜欢吃植物的嫩叶、花蕾

林麝是一种小型哺乳动物，身体长 70～80 厘米，重量只有几千克。它们喜欢生活在山区的森林里，豹、貂、狐狸、狼、猞猁都是林麝的天敌。

麝香就是雄性林麝麝香腺的分泌物。

小巧可爱的林麝十分善于在丛林中隐藏自己，知道林麝习性的你，能够在这张图中找到隐藏的林麝吗？

印度野牛

10月7日 多云

今天我和家人去了野生动物园，看到了很多有趣的动物。其中最让我惊喜的是野牛！它们好大啊，比我们家的牛还要大好多。它们身上长着茸茸的毛，头上还有两只弯弯的角，看起来好凶猛，真是一头“牛魔王”。我听爸爸说，印度野牛是一种草食性动物，它们喜欢在白天觅食，黄昏、早晨时活动频繁。它们有习惯的路线和区域，喜欢舔食富含矿物和盐分的岩石和泥土。由于数量逐渐减少，印度野牛已经成为易危物种之一，我们要好好保护它们，让它们能够健康地成长和繁衍。

日记点评

日记善于运用比喻，“牛魔王”这一比喻就非常恰当，突出了印度野牛的特点。日记不限于对动物外观的描写，还通过引用的方法讲述了野牛的行动特点和食物喜好，让内容丰富不少。

物种卡片

我们看看关于“牛魔王”还有哪些有趣的知识吧！印度野牛在《世界自然保护联盟濒危物种红色名录》中被列为易危物种，是《国家重点保护野生动物名录》中的一级保护动物。

名称	分布 / 栖息	特点	食性
印度野牛（野牛、野黄牛、白肢野牛等）	南亚、东南亚森林附近和稀树草坡；我国云南也有分布	体形高大，强壮、凶猛	喜欢吃草、树叶、嫩枝

印度野牛因为巨大的体形而出名。公牛体长可达3米左右，肩高达2米左右，体重约800千克，甚至超过1吨。

母牛体长2.6米左右，肩高1.5米左右，体重约600千克。在野外，几乎只有虎能捕猎它们。

图中有 3 头印度野牛，你能看出来哪只是公牛，哪只是母牛吗？

西藏盘羊

10月5日 晴空万里

今天我和爸爸妈妈一起去了西藏，秋季的高原已经有些干冷。导游带着我们在山上攀爬的时候，我看到了一只很神秘的动物。它有着浓密的长毛，像穿了一件厚厚的毛衣。它还有一对巨大的弯角，就像一只小绵羊变成了鹿角兽！爸爸告诉我，这种动物叫西藏盘羊，是一种生活在高原的野生山羊，它们非常适应缺氧条件。现在它们面临着被猎杀和栖息地被破坏等威胁，所以我们要保护好这些可爱的动物！

日记点评

通过比喻、对比的手法描写西藏盘羊的外貌，令人印象深刻。除了描述西藏盘羊的特点，日记还提到了保护西藏盘羊的重要性，非常具有启发性。

物种卡片

日记里有“巨大的弯角”的西藏盘羊让我们印象深刻，让我们看看这种稀有的动物吧。西藏盘羊被列入《世界自然保护联盟濒危物种红色名录》，是近危物种，还被列入《国家重点保护野生动物名录》，是一级保护动物。

名称	分布 / 栖息	特点	食性
西藏盘羊	喜欢在半开阔的高山裸岩带及起伏的山间丘陵生活	典型的山地动物，体质强健，能适应高寒环境和缺氧条件	以灌木及杂草为食

西藏盘羊是一种生活在高原的野生山羊，它们有着浓密的长毛和巨大的弯角，通常体形较大。

西藏盘羊是高山环境下的特有动物，可以在极端恶劣的环境下生存。它们有季节性的垂直迁徙习性。然而，由于人类活动和环境污染等因素，西藏盘羊正面临着生存威胁。

西藏盘羊应该去下图中的哪个地方觅食?

藏原羚

10月20日 大风

今天我和家人去了青海旅游，看到了许多野生动物，最让我兴奋的是我们看到了藏原羚！它们长着土褐色的茸毛、长长的角，动作灵活，身姿优美，非常漂亮，最显眼的是它们可爱的白屁股。

在保护区导游的引导下，我们在离藏原羚很远的地方用望远镜仔细观察它们。我看到它们在草地上吃草，还有一些小藏原羚在玩耍。爸爸告诉我，藏原羚是中国特有的珍稀动物，生活在海拔较高的草原上。它们灵活机敏，能够迅速躲避天敌的袭击。我觉得我们应该保护好这些可爱的动物，让它们在自然环境中自由自在地生存。

日记点评

日记记录了一家人发现藏原羚的过程，作者善于使用分点描述这一写作技巧，应用短句，节奏明快地描述了藏原羚的外貌和身姿。

物种卡片

日记中描述的可爱物种藏原羚，生活在我国的甘肃、新疆、西藏、青海、四川，以及其他一些高海拔地区。藏原羚被列入《世界自然保护联盟濒危物种红色名录》，是近危物种，还被列入《国家重点保护野生动物名录》，是二级保护动物。

名称	分布 / 栖息	特点	食性
藏原羚	海拔较高的草原、草甸、荒原	体形较大的高原食草动物之一，擅长奔跑、跳跃	喜欢吃草

藏原羚是一种生活在高海拔地区的野生动物，它们有土褐色的茸毛和长长的角。藏原羚臀部有一块较大的白斑，因此被当地人称为“白屁股”。

找一找

藏原羚和西藏盘羊都是生活在高原的物种，二者有什么不同呢?

藏羚

10月20日 多云、大风

今天，爸爸妈妈带我去了可可西里，这是一个非常有名的自然保护区。导游和我们说，这里是世界上仅有的藏羚繁殖地，不管多远，藏羚妈妈都要千里迢迢来到可可西里，在这里生育。

可可西里的风非常干冷。我们用高倍望远镜远远地观察藏羚，我看到它们在湖边的草场上兴奋地打闹。我还看到它们在草地上吃草，有一头雄性藏羚非常警觉地昂起头，侧耳倾听。我们赶忙压低声音，生怕惊动了它们。

导游说，藏羚非常警觉、胆小，常常隐藏在岩穴里，在平坦的地方也会藏匿。

日记点评

这篇日记进行了感官方面的描写，并综合运用“风非常干冷”“压低声音”等描写，让读者身临其境。

物种卡片

阅读这篇日记后，我们可以感受到作者从望远镜里看到藏羚时激动的心情。藏羚是非常稀有的物种，是《世界自然保护联盟濒危物种红色名录》中的近危物种，也是《国家重点保护野生动物名录》中的一级保护动物。

名称	分布 / 栖息	特点	食性
藏羚（藏羚羊）	主要分布在我国青藏高原，喜欢生活在湖畔、草滩	耐旱力较强，通过植物和雪获得水分	喜欢吃草

藏羚非常适应高原环境。藏羚的茸毛非常细软，质地极佳，曾经是世界最昂贵的皮毛，每千克高达数万美元，这也导致了藏羚被大量猎杀，成为稀有的物种。

藏羚善于奔跑，最高时速可达 80 千米。

你能区分藏原羚和藏羚吗？二者有什么不同？

中华白海豚

10月4日 晴空万里

今天一大早，我和家人登上渔船，跟着打鱼的叔叔出海。正当我们在红树林附近航行时，常年在海上生活的渔民叔叔突然一脸兴奋地叫起来，还急忙掏出手机拍照："快看！'海中大熊猫'！"我疑惑地看，只见不远处有好几只特别漂亮的海豚！它们的皮肤是淡粉色的，也有浅灰色的，身体很光滑。我问了叔叔，才知道它们是中华白海豚。中华白海豚非常珍贵，能够在出海时遇见它们，真是幸运又难忘！

日记点评

通过对渔民叔叔的语言、动作、神态的描写，突出了渔民叔叔发现中华白海豚时的兴奋与激动，从侧面说明了中华白海豚的珍贵。

物种卡片

能够让常年生活在海上的渔民叔叔都感到兴奋的动物，到底是什么样的呢？中华白海豚是一种珍贵的物种，属于哺乳动物，被列入《濒危野生动植物种国际贸易公约》，是《国家重点保护野生动物名录》中的一级保护动物。

名称	分布 / 栖息	特点	食性
中华白海豚	亚热带地区的河流入海口，咸淡水交汇水域	聪明、友善	喜欢吃小鱼、小虾

中华白海豚是非常聪明和友善的动物。

中华白海豚主要栖息在生长着红树林的水道，也喜爱海湾、热带河流入海的三角洲或沿岸、大河的入海口。中华白海豚特别喜欢跟在船后觅食。

中华白海豚生活在哪里呢?

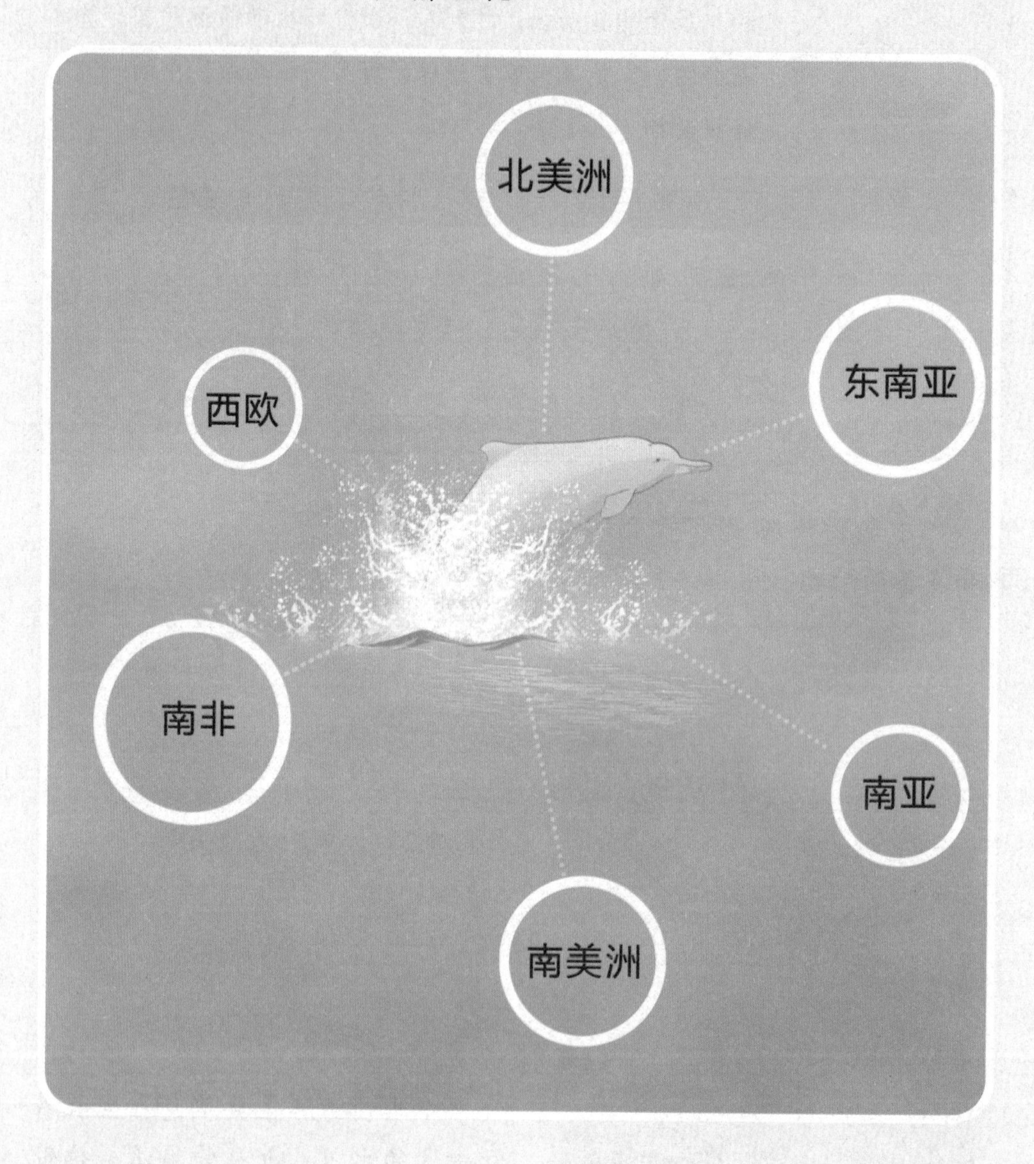

野外观察、记录的装备和工具有哪些呢？

珍稀动物的栖息地通常在野外，做好这些准备，可以让你在野外观测时事半功倍。

1. 动物观察图鉴

2. 迷彩服： 动物生性机警，贸然接近可能会惊扰到它们，衣着应尽量与周围环境一致，避免身上出现过于醒目的色彩、图案，如有条件，迷彩服是最好的选择。

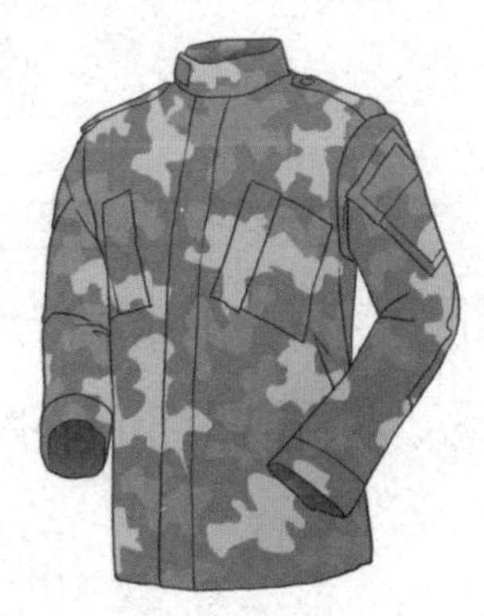

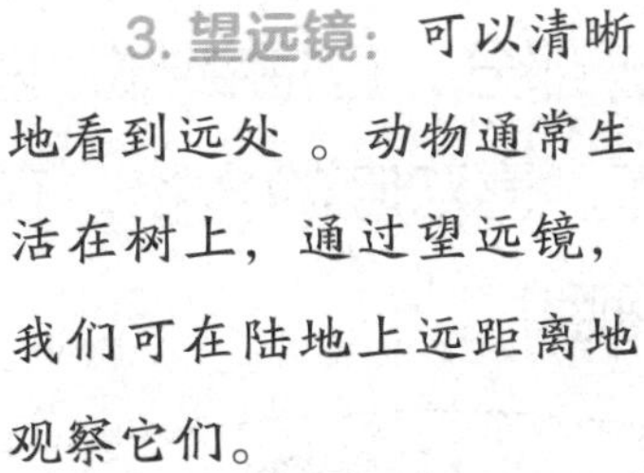

3. 望远镜： 可以清晰地看到远处 。动物通常生活在树上，通过望远镜，我们可在陆地上远距离地观察它们。

4. 迷彩帐篷： 可以躲藏在帐篷里，只露出相机进行拍摄。这样，我们可以在不惊动动物的情况下清楚地观察它们。

5. 双肩包： 用来装在野外必备的物资，比如食物、工具以及生活用品等，以便我们在观察动物时腾出双手。

6. 地图： 重要资料，用来规划路线，避免在野外迷路。

7. 记事本与笔： 随时记录观察动物的时间、地点以及动物的外貌、特点、习性等。

8. 数码相机： 数码相机可以准确记录观测到的动物，作为参考资料使用，并且相片能够长时间保存。

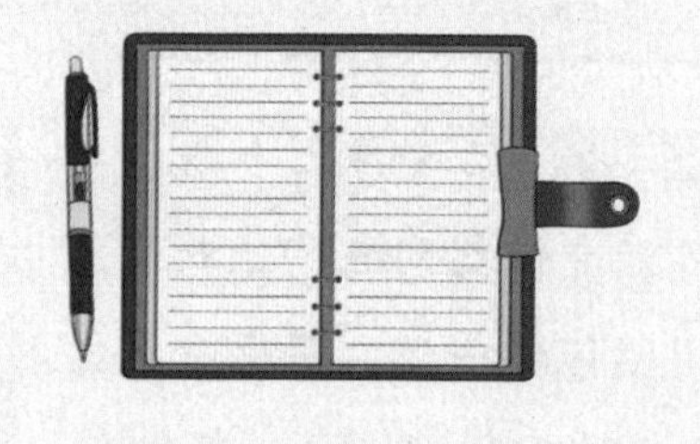

9. 录音笔： 可以用录音笔记录动物的叫声及周围的声音，以便我们进行后续的记录和对动物的栖息环境进行研究。

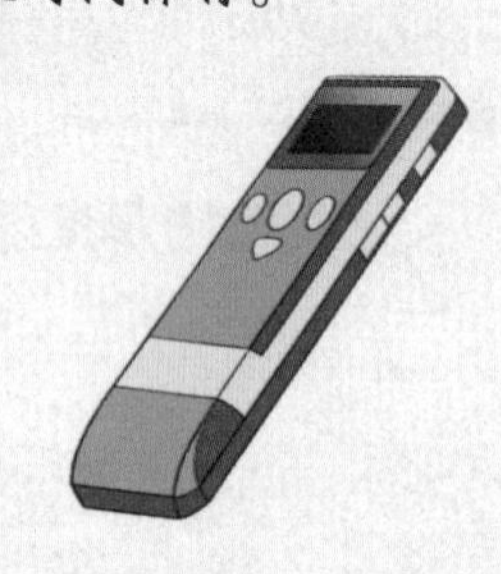

怎样观察动物?

观察它们的各个部分，包括头部、四肢、胸部和尾部等，记录它们的叫声特点、喜欢吃的食物。在观察动物时要注意隐蔽，不要把它们吓跑哦！